U0783771

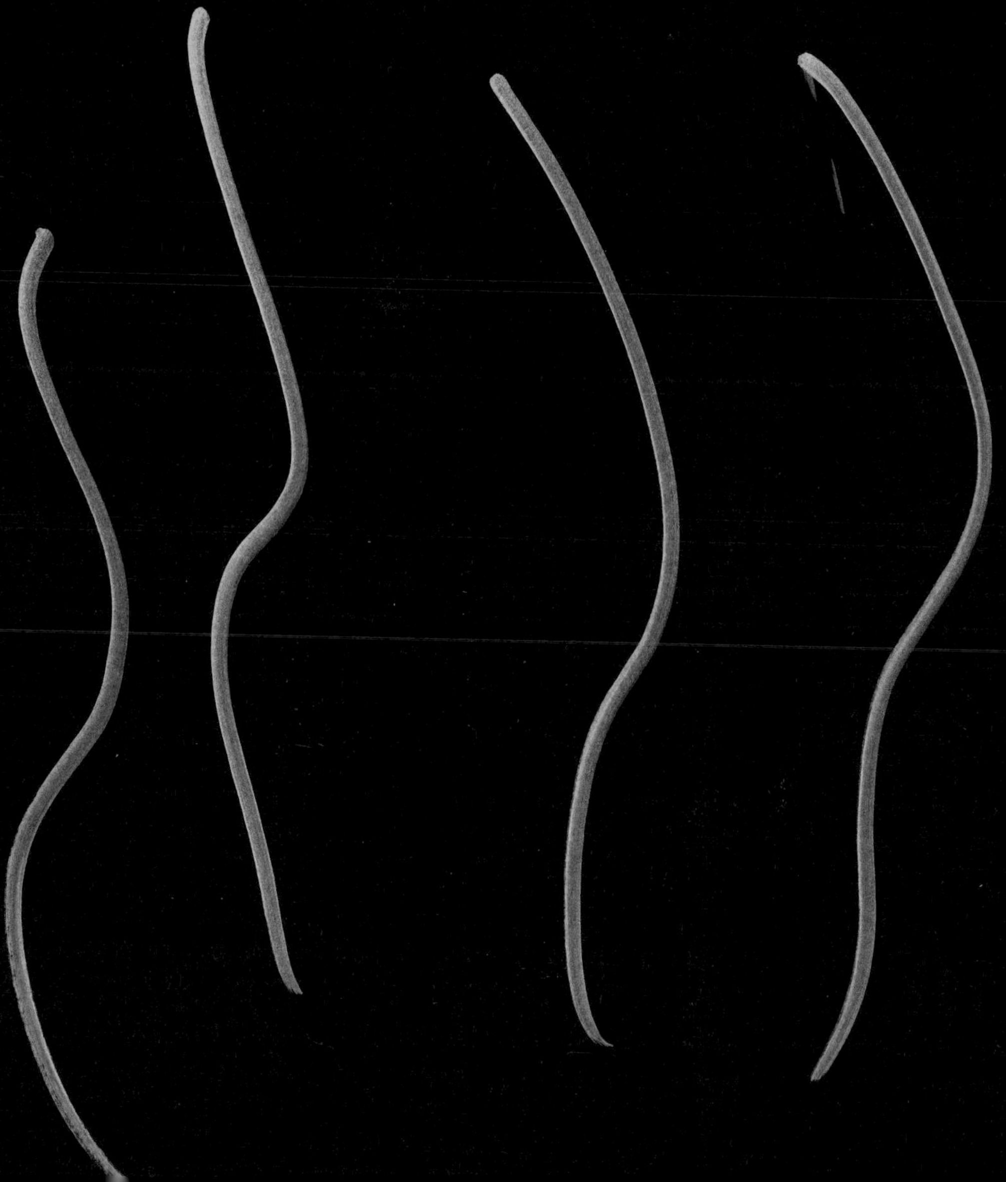

LOVE
THE SONGS OF THE
UNIVERSE

爱：荡漾在宇宙的恋歌

〔英〕杰森·马蒂诺————著

吕雅鑫————译

CTS K 湖南科学技术出版社 · 长沙

THE
BEAUTY
● F
SCIENCE
科学之美

图书在版编目（CIP）数据

爱 ：荡漾在宇宙的恋歌 / （英）杰森·马蒂诺著 ；吕雅鑫译. — 长沙 ：湖南科学技术出版社，2024.5（科学之美）
ISBN 978-7-5710-2839-8

Ⅰ. ①爱… Ⅱ. ①杰… ②吕… Ⅲ. ①情感－研究Ⅳ. ①B842.6

中国国家版本馆 CIP 数据核字(2024)第 076830 号

Copyright © 2015 by Jason Martineau
© Wooden Books Limited 2015
All right reserved.
湖南科学技术出版社获得本书中文简体版中国独家出版发行权。
著作权登记号：18-2023-4
版权所有，侵权必究

AI DANGYANG ZAI YUZHOU DE LIANGE

爱 荡漾在宇宙的恋歌

著　　者：[英] 杰森·马蒂诺
译　　者：吕雅鑫
出 版 人：潘晓山
责任编辑：刘 英 李 媛
版式设计：王语瑶
出版发行：湖南科学技术出版社
社　　址：长沙市芙蓉中路一段 416 号泊富国际金融中心
网　　址：http://www.hnstp.com
湖南科学技术出版社天猫旗舰店网址：
　　　　　http://hnkjcbs.tmall.com
邮购联系：0731-84375808
印　　刷：长沙超峰印刷有限公司
厂　　址：湖南省宁乡市金州新区泉洲北路 100 号
邮　　编：410600
版　　次：2024 年 5 月第 1 版
印　　次：2024 年 5 月第 1 次印刷
开　　本：889mm×1290mm　1/32
印　　张：2.25
字　　数：120 千字
书　　号：ISBN 978-7-5710-2839-8
定　　价：45.00 元
（版权所有·翻印必究）

LOVE

THE SONG OF THE UNIVERSE

Jason Martineau

First published by Bloomsbury USA 2015
This UK edition © Jason Martineau 2015

Published by Wooden Books Ltd.
Glastonbury, Somerset

British Library Cataloguing in Publication Data
Martineau, J.

Love - The Song of the Universe

A CIP catalogue record for this book is
available from the British Library

ISBN 978 1 904263 87 3

All rights reserved.
For permission to reproduce any part of this
lovely little tome please contact the publishers.

Printed and bound in Shanghai, China
by Shanghai iPrinting Co., Ltd.
100% recycled papers.

谨以此书献给世界各地的恋人

一如既往感激我的父母。

感谢约翰·马蒂诺和斯蒂芬·帕森的编辑和设计。

感谢伦敦大学高级研究院沃伯格研究所的保罗·泰勒和奇亚拉·弗朗西斯基尼所作的插画研究。

上图：《鲁拜诗集》插画，约翰·巴克兰·莱特，1938年。

《美、善、贤》心形记谱法，尚蒂伊手稿，鲍德·考迪尔，14 世纪。

目录
CONTENTS

何谓爱？我们为何要体验爱？我们爱朋友、爱双亲、爱电影、爱歌曲、爱金点子、爱宠物、爱大自然、爱工作，当然啦，还爱我们的伴侣……爱，说不尽，道不完。但，能用寓意深远的语言来解释爱吗？

古希腊人对此进行了思考，并提出各种爱的定义：Eros，性欲之爱；Philia，友谊之爱，是朋友和家人之间的爱；Agape，人神之爱，是博爱或人对上帝无条件的爱；Storge，家庭之爱，是一种发于自然的感情，同样适用于非人类世界。其他定义包括：Epithumia（欲望之爱）、Ludus（游戏之爱）、Pragma（现实之爱）和 Philautia（自爱）。

尽管爱的本质依然很神秘，但是神话学、生物学、社会生物学和心理学的学生经常对爱的主题进行多维度探索，因此爱的基本原则、爱在社会中所起的作用和位置都有迹可循。

爱，经由身、心、脑等多途径，被培育、被经历、被接纳且被给予。爱，令人狂喜、神采奕奕，甚至使人得病，令人疯狂！爱是虔诚的、忠实的、坚定的、苛求的，亦是脆弱的、遥远的、消逝着的，爱让人神魂颠倒、使人精力充沛、令人筋疲力尽……爱要我们拥抱它美妙且莫测的神秘，也要我们接纳它可能带来的伤害。

爱绝不能被轻视。为了报复阿波罗的嘲笑，古希腊神话中的爱神厄洛斯 (Eros) 用一支金箭射中了阿波罗，就这样，阿波罗爱上了仙女达芙妮（化身为月桂树以躲避讨厌的追求者阿波罗），开始了对她无穷无尽的单相思和对爱情的渴望。但四季常青的月桂树仍然是贞洁、诗歌和音乐的象征。凡人啊，请珍重！宇宙爱情之歌可是为我们而唱啊……

母亲与父亲 / 塑造汝身
MOTHER AND FATHER
WHO MADE YOU

　　我们最初之爱是给母亲的。母亲给予我们生命、哄抱我们，吸吮母乳的时候，我们凝视着母亲的双眼。幼年时期，我们最依赖母亲，我们的安全感源自母亲。母亲教会我们信任和被信任（见第36页）。

　　人类整个早期历史中的园艺和农业社会都崇拜伟大的母性女神，即大自然的供给和养育。在古埃及、巴比伦和印度教的宇宙观念中，以及在古希腊和古罗马神话，还有其他传统中，女性神祇都是意义非凡的存在。在基督教、犹太教和伊斯兰教中，这个神化的女性形象分别被称为玛利亚、米里亚姆和玛利亚姆，即耶稣之母。女神也可能十分吓人、极具破坏性，比如印度教女神迦梨，她颈上佩戴以颅骨制成的项圈，这代表生与死（见第3页）。类似的还有古埃及女神伊西斯（Isis），她被视为崇高的母亲和亡灵的保护神。

　　随后我们遇到的是父亲。心理学家艾瑞克·弗洛姆（Erich Fromm，1900—1980）指出，父亲教会我们何为制约性、何为规则以及如何与世界建立联系。神话里的父亲，比如宙斯、朱庇特、耶和华、雅威和罗马中的农神萨图恩，他们或爱批评人，或爱惩罚人，或仁爱，或仁慈。著名心理学家弗洛伊德（1856—1939）认为所有孩子都经历了关注异性父母的阶段，而荣格（1875—1961）则认为这些异性特征帮助形成我们内在心理的核心部分：阿尼玛（女性意象）和阿尼姆斯（男性意象）。

　　由于父母亲身体的每个细胞中各有一套完整的23条染色体，所以父母对孩子人格的形成相当重要，很少有人能否认这一点。

上图：伊西斯与儿子荷鲁斯。请与下图对比。

上图：母亲与孩子。日本，1739 年。

上图：迦梨。剑（智慧）切开头部（自我）。

上图：哺乳圣母。请注意，新月是神圣女性的象征。

上图：天父与造物者，朱利奥·博纳索内绘图，博洛尼亚，1574 年。

家庭 / 兄弟姐妹与祖父母
FAMILY
SIBLINGS AND GRANDPARENTS

对很多人来说，除了父母，最亲近的便是兄弟姐妹。对于拥有手足至亲的幸运儿来说，这些来自同一巢穴的雏鸟们要么成了最亲密无间的友人，要么成了剪不断理还乱的羁绊。

"兄弟关系"这一概念在各种机构和宗教被广泛使用。兄弟之间的爱可以是超越直系亲属关系的"结义兄弟"，指将拇指刺破挤点血，歃血为盟的亲密朋友。同样地，"姐妹情谊"也普遍存在，女性朋友之间的闺蜜之爱可以像亲姐妹那般强烈，而且也很少暗暗较劲。

友谊之爱（见第1页）也包括与祖父母之间的爱，祖父母往往有大智慧，妙语连珠，知晓许多故事典故。祖父母和曾孙之间的爱特别简单，但却弥足珍贵。亲属间浓厚的爱会带来安全感，强化家庭成员的特质和习惯。

条件反射（通过奖励和惩罚实现）和印刻现象（依恋和模仿）常见于动物界里刚获得生命的小动物。由此可见，家庭成员所表达的爱意义深远。

上图：儿时的游戏在成年生活中会重现。马内塞古抄本，1304—1340 年。

上图：拥抱可使大脑释放加压素和催产素，人类很早就学会了拥抱。

上图：英国王室，1877 年。亲属关系加强了归属感，而代际交流则丰富了各年龄段的阅历。

家，甜蜜的家 /出门万里，不如家里
HOME SWEET HOME
EAST, WEST, HOME IS BEST

在家中，厨房飘出的饭菜香，父母温暖的拥抱，旧钟滴答作响，目光所至是母亲的脸庞，手边是干净的床单，耳畔是附近的溪水潺潺，仰望星光灿烂的夜空。正如《绿野仙踪》里多萝西所言，"没有一个地方可以与家相提并论。"但是，究竟何谓家？

温暖、熟悉感和安全感都是滋养爱的沃土，但这些情感不仅与永久居所或家庭根基有关。无数的地方，甚至是人，都可让人"感觉是家"，对家园、祖国、地球等概念的热爱则加深了这种感觉。就好比想念爱人（见第030页）会产生强烈的生理影响，离开家这个重要的庇护所也会让人很痛苦，乡愁恰好说明了"此心安处是吾乡"。

类似地，"家庭真相"的概念表明每个生活故事都与某个地点有所联系。家便是这些故事的发生地，也是记忆所系之处，对那些离开旧家去寻找和创造新家的人来说更是如此。如若有幸，一个充满爱意的美好家园也将成为人终其一生的地方。

约翰·鲍尔比（1907—1990）提出人们发展出以下四种基本的依恋类型，这些类型影响了成年人的生活和爱：趋近行为（Proximity Maintenance，渴望接近依恋对象）；避风港行为（Safe Haven，个体在感到恐惧及受到威胁时，转向依恋对象以获得舒适和安心）；安全基地行为(Secue Base，个体将依恋对象作为一个可靠的安全基地来探索世界）；以及分离焦虑（Separation Distress，即个体与依恋对象分离时感受到的痛苦）。

上图：爸爸回家孩子们很兴奋。达尔齐尔，1862 年。明天就轮到妈妈了。

上图：忒勒玛科斯拥抱了父亲奥德修斯。P. 威尔逊，1911 年。

上图：宜家宜室。J. 天梭，1882 年。时不时地表达爱意对大家都好。

上图：家是心之所在。一对恋人。1630 年，伊朗。

热爱自然 /源于天性
BIOPHILIA
IT'S IN OUR NATURE

在所有国家和气候中，人们都向往自然生活给予的滋养，比如山间溪流、鲜花林地、新鲜水果、日光浴和冲浪，抑或只是在家中种种花草。

根据生物学家爱德华·奥·威尔逊所说，在生物学里，人类出于本能寻求与其他生物系统建立深层次联系。"热爱自然"（biophilia，亲自然）是人类基因构成的一部分，自然环境让人类能够生存和繁衍。然而，与此同时，大自然的尖牙和利爪是血红色的：无非就是消耗生命和破坏生命，以此维持和创造更多的生命。因此，对大自然的爱可以丰富和影响个人对生活本身的热爱。

作为唯物主义的对立面，艺术家、诗人、作家和音乐家经常表达一种浪漫的愿望，即"回到被遗忘的生命源头"。亨利·大卫·梭罗（1817—1862）写道："天堂既在我们的头上，又在我们的脚下。"

上图：一个在大自然的怀抱中睡着的年轻人，1766 年。

上图：东方景观，日本，1502 年。

上图：爱的小花园，1450 年，在大自然中各种求爱行为如出一辙。

600

大部落 / 可爱的动物
THE EXTENDED TRIBE
LOVING ANIMALS

　　你养过狗，并与之结伴成长吗？或是养过猫？鸟？蛇？还是狼蛛？可还记得家宠死去的那一刻，你有什么样的感受？在童话故事里，善待动物的人过得很好，还有些人残忍对待身裹绒毛、缀羽披鳞的动物，这些人的下场悲惨！

　　人类的大脑边缘系统让人类得以体验情感，在边缘系统里，感官印象经由海马体和杏仁核处理转化为痛苦或愉快、安全或危险情绪，然后在认知新皮质形成长期记忆。上述过程可以帮助我们了解世界、教会我们与人相处及生存之道。所有哺乳动物都有各自的边缘系统（逆戟鲸，见下图，它们的边缘系统比人类更发达），因此动物世界中随处可以观察到复杂的情感和群体行为，无论是为了生存还是为了互相陪伴，人类与动物之间的纽带关系也很常见。就拿狼来说吧，狼与人类结盟，后来竟亲如家人。

上图："鸟儿们，我的好姐妹呀！"阿西西的圣弗朗西斯也许是与动物交流的最著名的代表。有时，人们爱宠物胜过爱健谈的人类伙伴。

上图：《哦！你若忠实于我该多好！》，弗拉戈纳尔，1775年。这一时代的艺术家经常通过画狗强化被抛弃的人类主题。

下图：《抛弃》，布里顿·里维尔，1887年。这是另一幅表现犬类安慰人类的画作。重压之下，动物很治愈。

下图：《懒家伙》里猫科动物散发出的魅力和慵懒。费利克斯·瓦洛顿，1896年。

友谊 / 地久天长
FRIENDS
ARE FOREVER

　　古希腊人用友谊之爱表达对友情的看法（见第 1 页 philia），定义了朋友之间从功利（比如商业活动）到享乐（共同活动）再到深厚的友情（忠诚与牺牲）等一系列相互尊重的行为。亚里士多德认为友谊就是为朋友谋福利。

　　鲁米和哈菲兹在《苏菲诗歌集》中将"朋友"与"亲爱的"两个词互换使用，以此表现与上帝的关系。同样，托马斯·阿奎那指出，基督徒的博爱行为"不仅是对上帝的爱，也是对邻居的爱"。

　　朋友之间可能要提防擦出爱的火花。奥维德《变形记》中的皮拉摩斯和提斯柏是从小一起长大的邻居，青梅竹马的他们成年后自然而然地相爱，但是双方的父母坚决反对他们在一起。在第 13 页（左下角）的场景中，提斯柏发现了皮拉摩斯，原来皮拉摩斯看到了狮子血淋淋的爪子抓着提斯柏的面纱，以为她已经命丧狮子之口，悲痛之下皮拉摩斯拔剑自尽。提斯柏看见了皮拉摩斯的尸体，心痛不已，便自尽殉情。这段爱情悲剧也是莎士比亚《罗密欧与朱丽叶》的灵感来源。

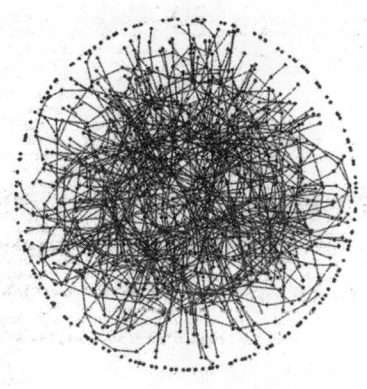

上图：一张典型的"扩张型"朋友圈网络，阿拉姆＆梅耶，2006 年。进化心理学家罗宾·邓巴的研究表明人类交际圈的规模不超过 150 人。

上图：友谊即平等，约 1520 年。朋友其实是另一个自我，可爱且真实。

左图：皮拉摩斯和提斯柏，坠入爱河的朋友，汉斯·斯查菲林汉斯，1480—1540 年。

下图：学校场景，17 世纪，阿姆斯特丹。

化学反应／你很迷人
CHEMICAL REACTIONS
YOU'RE CUTE

还记得自己情窦初开的模样吗？少男少女互相被彼此的身体吸引，大脑、内心、身体都经历了一连串惊天动地的化学物质冲击。他们辗转难眠，意乱情迷，并觉得自己与成年人难以沟通。他们的皮肤会分泌信息素，向身边的人传递带有健康信息的气味。科学研究一再表明，女性最容易被那些免疫系统与自己存在最大差异的男性所散发的气味吸引。在化学层面，激素（男性的雄激素以及女性的雌激素和孕酮）驱动了生育冲动。

身体上的触摸和情感上的亲密关系，会刺激神经激素加压素和催产素的产生，从而增进彼此间的关系和信任。神经递质多巴胺、去肾上腺素和血清素与大脑中的受体结合，带来快乐，增加动力，然而肾上腺素却让人头昏脑涨。

古希腊作家朗格斯于公元200年左右写下关于达夫尼斯和克洛伊（见第15页）的美丽田园爱情故事，这个故事似乎代表了化学反应和潜意识联系之间令人冲动的结合，这种结合在热恋期表现得尤为强烈。

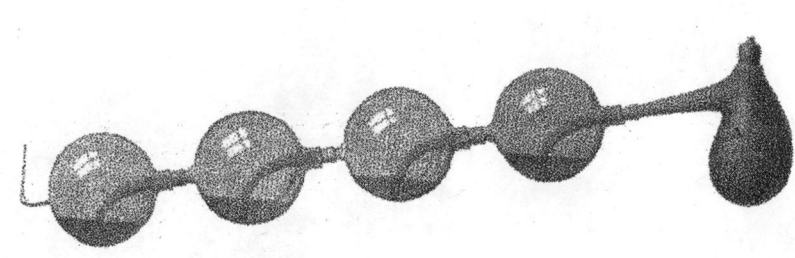

上图：达夫尼斯和克洛伊是青梅竹马，他俩爱上了彼此却不明白爱的实质。人们说，只有亲吻才能弄清爱的滋味。在经历一系列磨难和波折之后，这对有情人终成眷属。劳吉尔，1817 年。

常在我心 / 不要只用眼睛看爱
ALWAYS ON MY MIND
LOVE LOOKS NOT ONLY WITH THE EYES

神经医学对我们的大脑影响巨大，但文字、思想和想法会在我们的心灵留下持久的印象。

12世纪法国广为流传的爱洛伊斯和阿伯拉的现实故事讲述了天才哲学家阿伯拉爱上了自己博学的学生爱洛伊斯，爱洛伊斯也同样迷上了他（见第17页左上图），两人爱到无法自拔。爱洛伊斯怀孕后，他俩便秘密结婚，但后来这一丑闻被他人发现，最后阿伯拉被爱洛伊斯的家人施以宫刑（然而阿伯拉声称分离的痛苦更难以承受）。分开后，两人继续以书信传情，用美丽的语言表达美妙的爱情，以此证明两个灵魂之间深沉的爱。

美国心理学家多萝西·坦诺夫（1928—2007）创造了"深恋感(limerence)"一词，描述在坠入爱河时人们的感受和想法有时会变得不由自主且无法控制。个体对迷恋对象（另一个人）的回应是最重要的，两者间的相互吸引可为一段恋情的开启推波助澜，让两个人更亲密。

1756年，勒普兰斯·博蒙特夫人创作的《美女与野兽》描述了不在意外表的前提下，如何打开通往爱的大门。美女贝尔心灵纯洁，一开始她只把丑陋的野兽当作朋友，尽管野兽性格善良，且一心一意想娶她。但为了病重的父亲，贝尔被迫离开了野兽，当她重返野兽身边时，却发现野兽即将心碎而死。她突然意识到自己对他的爱，便吻了他，这一吻让他变回了从前的英俊王子（见第17页左下图）。

上图：爱洛伊斯和阿伯拉美丽的心灵结合，他们的爱战胜了身体上的不可结合。

上图：尤尔根王子与沉思的树仙女。J.B. 莱特，1949 年。

上图：内在很重要。贝尔的吻让野兽恢复了真身。1908 年。

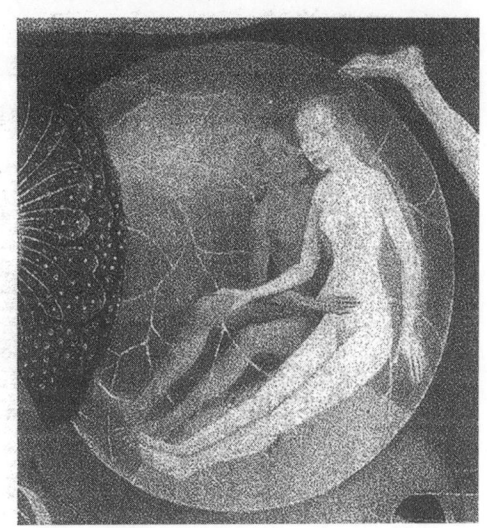

上图：泡泡里的有情人。希尔奥尼莫斯·博世（Hieronymous Bosch），约 1500 年。

探戈需要两人跳 / 谈谈情，跳跳舞？
IT TAKES TWO TO TANGO
SHALL WE DANCE?

求偶仪式在整个动物世界中（比如孔雀，第19页右下图）都很引人注目，人类也不例外。无论是在夜总会还是婚礼上，舞蹈在爱情史上都特别重要。身体紧贴在一起可以让两个舞伴通过舞步的同步和平衡来展示自己的敏思和活力。有节奏地一起舞动也让舞者的劲往一处使，心往一处想。当代神经生物学家阿尼鲁德·帕特尔博士的研究表明，只有那些能模仿发声的生物，比如某些鸟类、海豚、鲸鱼和人类，才具备跟着节拍走的能力。

经典印度教经文的拉萨丽丽神爱之舞描述了年轻的牧牛姑娘听到奎师那在森林里吹长笛后，离开家为夜晚而舞，数十亿年来如此不变。浪漫的爱情被视为这种永恒的精神之爱的映射。

古代大多数舞蹈都是团体舞，促进了合作和团体意识。下图的伊特鲁里亚舞者来自特里克利尼奥河上的一幅墓画（公元前600年）。

上图：乡村舞者，1609 年，法国。谈及找搭档的时候，很少有活动能比舞蹈提供更多的找搭档机会！

上图：意大利南部的塔拉泰拉。在这种古老舞蹈里，男性围着某位占主导地位的女性跳舞就是在求爱。

下图：学习舞步。一对男女一起学跳舞。不失为双方加深认识的有趣途径。

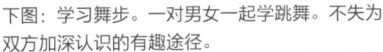

下图：一只雄孔雀试图吸引一只雌孔雀的眼球。円山应举，日本，1781 年。

为何相见 / 似曾相识、命中注定和因果报应
WHY PEOPLE MEET
DÉJÀ VU, DESTINY AND KARMA

　　通常当人们坠入爱河的时候，他们会说对另一半有一种熟悉感，就好像两人是失散已久的友人。一些情侣认为是占星术、宿命论或前世的因应力让彼此相遇（类似于轮回，即古希腊人所说的灵魂的转生）。因此，两个前世可能伤害过彼此的人，现世也可能坠入爱河，从而治愈前世的伤口（或者创造新的伤口！）。据说因果报应是在心理原型（心理占星学）的助力下起作用的，这是灵魂在精准的时间和空间里转生所需。巧合、运气和天赐好运都可以用此一语概之。

　　另一种解释是移情，即对过去某人（通常是父母或童年的朋友）的感觉或记忆被触发，然后把情感重新投射到新的依存对象身上。移情可以加强吸引力和联系，让求助者有机会找回失去的东西，或治愈心灵上的伤害。

　　在中国古代民间爱情故事《梁山伯与祝英台》中，祝英台和梁山伯在学堂相识，祝英台因为女子不能去学堂读书只得女扮男装，在与梁山伯的相处中她爱上了梁山伯，但梁山伯只当她是好兄弟。相处了几个月后，祝英台才说出真相，两人发誓相爱至死不渝。

　　古代文学中经常出现悲剧爱情的主题。克服恋爱中的苦难需要强大的意志力，正如莎翁所写，"命运……无责，自己有责。"

上图：年轻的白人国王和王后互相学习彼此所讲的语言，1516 年。语言交流至今仍很受欢迎。

上图：《北欧神话》里的命运三女神，分别代表过去、现在和未来。路德维希·贝格尔，1882 年。

上图：梁山伯与祝英台，命中注定要分开。尽管两人相爱至死不渝，却无法修成正果。祝英台嫁给他人，梁山伯伤心而亡。

上图：一场注定拥抱狂喜和悲剧的爱情。特洛伊罗斯吻了他心爱的克瑞西达。威廉·莫里斯，1896 年。

爱之食粮 / 动人的形式和旋律
THE FOOD OF LOVE
SEDUCTIVE MODES AND MELODIES

中世纪晚期的法国南部游吟诗人（troubadours）、北部游吟诗人（trouveres），德国的名歌手（meistersingers）和恋诗歌手（minnesingers）都是旅行诗人和音乐家，他们把自己的作品唱给贵族欣赏。这些歌曲的主题涵盖了含蓄的诱惑、淫乱、不正当恋情、单相思和骑士精神。有时，他们把爱升华为一种神圣的艺术形式，他们所塑造的完美形象是西方诗歌和情歌的基础。

希腊传说中有这么一则令人心碎的故事，音乐之神俄耳甫斯能够用他的琴声让所有生物（甚至是石头）都闻之陶醉。他用美丽的旋律打动了冥王哈德斯和冥后珀耳塞福涅，希望得以从昏暗的地府带领心爱的妻子欧律狄刻回到人间，但以悲剧告终。

希腊神话中的海妖塞壬（见下图）会用她们迷人的魔乐和歌喉吸引附近的水手，让航船触礁沉没。和许多古代文化一样，希腊人坚信音乐的力量。

婚礼中有一个著名的环节是"新娘来了"，这起源于瓦格纳1850年歌剧《伦恩格林》中的"婚礼进行曲"。然而，鲜为人知的是，在歌剧中的婚礼上有几位客人被谋杀了！

上图：法国 13 世纪手抄本插画里的音乐家们。

上图：希腊缪斯女神卡利俄佩（主管诗歌）和欧忒耳佩（主管音乐）。注意，她们都会吹长笛。

上图：普里阿普斯在指挥。《寻爱绮梦》，弗朗切斯科·科隆纳，1499 年。

上图：俄耳甫斯为欧律狄刻演奏里拉琴。俄耳甫斯是希腊神话中太阳神阿波罗之子，是音乐之神。

交换礼物 /给予、接收与回馈
EXCHANGING GIFTS
GIVING, RECEIVING AND RETURNING

　　交换礼物是求爱必备，意义深远且令人愉悦。在新柏拉图主义理论中，美惠三女神（见第25页左上图）体现了慷慨的三个方面：给予、接受、回馈礼物或利益。塞涅卡（公元前4年—公元65年）在他的一篇文章《论恩惠》中如是问道："为什么三姐妹手拉手跳圆圈舞？因为在这个过程中不断传递的利益仍然会回到给予者身上。"

　　情人节的出现要归功于3世纪罗马的圣人瓦伦廷，他因秘密为被禁结婚的士兵主持婚礼而入狱，随后在2月14日被处决。第二天是异教徒的生育节日牧神节，纪念罗马畜牧神卢波库斯（相当于希腊的潘神）。这一天有一项类似摸彩的活动，年轻女性的名字被写在小纸条上，然后由年轻男子随机抽取，抽中的一对男女从这天开始到年底将是情人，最后很多互为情人的男女都结婚了。这两个吉日的结合最终演变成赠送卡片的日子或情人的节日。情人间互赠民间剪纸（scherenshnitte，一种德国传统风格的剪纸）起源于16世纪的德国和瑞士（见第025页右上图）。

　　追求者也可以选择用花来表情达意。十八九世纪在欧洲流行的"花语"，即使用不同品种的花朵和插花方式传达不同的爱情花语。例如，紫丁香象征着"初恋"。"调情（flirt）"这个词来源于法国的"fleurette（小花）"，这是有抱负的游吟诗人送给爱恋对象的花束。

左图：美惠三女神象征着灵魂、身体和精神。马可·达·拉文纳，1515年。

右图：剪纸，约1600年，德国。

下图：《爱的花园》，中世纪的木刻作品。右边的那个女人似乎在看一封情书。

测试与考验 / 真爱之路永远不会一帆风顺
TESTS AND TRIALS
THE COURSE OF TRUE LOVE NEVER RUNS SMOOTHLY

恋爱早期经常会出现考验、阻碍和戏剧化的场景，世界各地的爱情故事均是如此。在一个众所周知的例子中，美神维纳斯对美丽的普塞克（希腊神话中的灵魂女神）进行了一系列测试，考验她是否值得让儿子丘比特与她成亲。其中有一项是维纳斯命令普塞克要在天亮之前将一大堆不同的种子分拣出来，普赛克在蚂蚁的帮助下顺利完成了任务。最终在大自然的帮助下，普赛克通过了所有的考验，维纳斯终于同意她嫁给丘比特。故事的结尾是个隐喻：当灵魂"普赛克"对爱"丘比特"的承诺是纯洁的，哪怕历经千辛万苦，爱情故事都会有圆满结局。中世纪宫廷爱情文学作品中的英雄斗争也是其明显特色。

在俄罗斯童话《沙皇少女》（*The Maiden Tsar*）中，伊凡去寻找已经答应要嫁给他却远航的真爱。为了找到她，他经历了一系列考验，每一次的考验都比上一次更具挑战性。后来，有人建议他找到一只火鸟（象征着转变和重生），火鸟将他带到海里。最终，他找到了少女的爱（和她的信任），原来爱就藏在一个鸡蛋、一只鸭子、一只野兔、一个盒子和一棵橡树里！

所有这些挑战都具有讽刺意味：情人必须克服自我抵抗所造成的障碍。在另一个俄罗斯故事《雪姑娘》（*Snegurochka*）中，雪姑娘爱上了吹长笛的男孩勒尔，但是为了体会爱，她冰冷的心不得不融化，但身体却因心的融化而"消逝"。

测试和考验也可能会令人垂头丧气，感到单调，比如不赞成为爱打破法规、嫉妒的追求者、身体的不契合、文化上的分歧或经济上的阻碍。如果你的爱是真挚的，那么请坚定！否则你可能永远都在质疑。

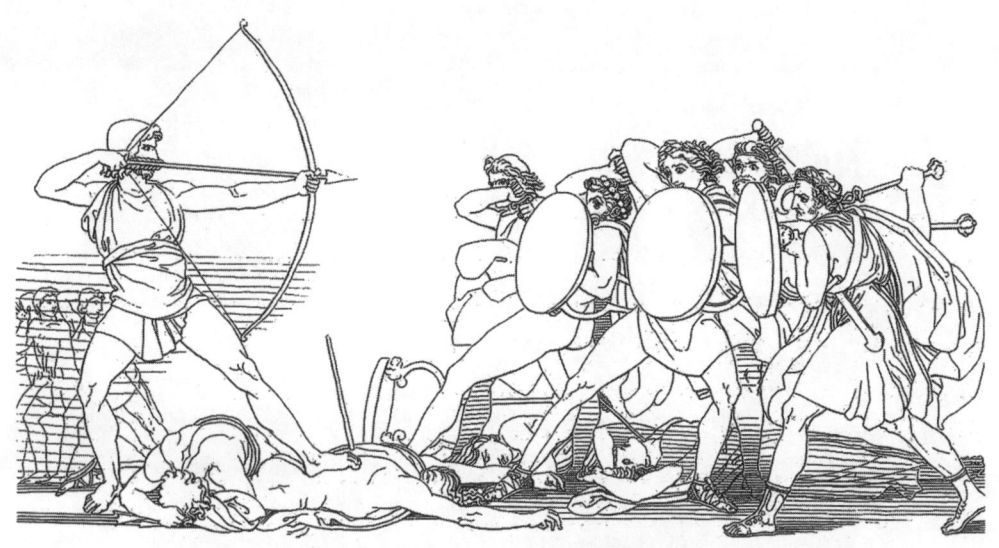

e: 上图：奥德修斯不得不踏上一段史诗般的旅程才能回到心爱的佩内洛普身边。当他最终返乡时，她被众多追求者层层包围，他必须杀死那些人。J. 弗拉克斯曼，1805 年。 *when he finally gets there she is surrounded by suitors whom he must slay. J. Flaxman, 1805.*

上图：法国雕刻，约 1340 年。一位少女用鲜花捍卫自己的名誉。英雄的行为，英勇、死亡、欲望和善意的拒绝是宫廷爱情的鲜明主题。

亲吻 / 变化
THE KISS
TRANSFORMATION

　　诗人托马斯·坎贝尔如是写道："初恋时的亲吻是多么诱人啊！"亲吻是赞同的一种表达。亲吻水果再给陌生人吃表明它的可食用性，亲吻手、脸颊、脚或舌头可以让双方感受彼此的气息和味道。唾液有 1000 多种蛋白质，其中含有身体健康状况和基因组成的标记。

　　嘴唇比身体其他任何部位会有更多的神经，其次是舌头和手指。上嘴唇超敏感的顶部边缘有时被称为"丘比特之弓"，长期以来，人们普遍认为亲吻上唇是迈向性亲密的第一步。

　　在经典儿童故事《青蛙王子》里，一位公主不小心把金球扔进了池塘里。她承诺池塘里的青蛙，如果他能帮她找回金球，她愿意给他王国里的任何东西。青蛙答应帮助公主，并索要公主的一个吻，公主同意了，但后来却食言了。再后来，青蛙跳到宫殿里要求公主履约，国王提醒公主要遵守诺言，于是她亲吻了青蛙，青蛙变成了王子。

上图：《吻》，埃里克·吉尔，1927 年。

上图：青蛙不是唯一因吻而变的动物。在吉姆巴地斯达·巴西耳的《母熊》(1634 年)，国王在妻子死了之后，认为在这个世界上唯一能和死去的妻子相媲美的人就是自己的女儿，所以他要和女儿再婚。为了逃离父亲，这个受到惊吓的女孩吃了一块神奇的木头，变成熊的样子跑到树林里。后来，一个王子在树林里发现了她。王子和熊接吻，熊变回了美丽的公主，最终他们结婚了。

上图：公开亲吻。一对敢于表达爱意的情人。《情人》，约 1450 年。

当情人分离 / 一分为二
WHEN LOVERS PART
FROM A PAIR TO TWO HALVES

　　与爱人分离从不是件易事。12 世纪波斯诗人内扎米笔下的《莱拉和玛吉努》（*Layla and Majnun*）是一个典型的禁忌爱情故事，牵挂爱人和强烈的渴望让两人成了为爱献身的灵魂人物。莱拉和凯斯是青梅竹马，长大后相恋，但莱拉的父亲反对他们结婚，这让凯斯备受折磨，心碎的他跑到野外，与动物为伴，这些动物逐渐都成了他的同伴和追随者。他日渐消瘦，变得痴狂 [因此他的绰号是玛吉努（Majnun），即疯子]。玛吉努在沙漠中游荡，唱着关于莱拉的诗，从四面八方路过的人们都会前来一听为快。最终莱拉听到了这些诗，她在纸片上写下隐晦的答复给玛吉努，祈祷风会把纸片吹到他身边。玛吉努的父亲把他带到麦加，希望将他从无尽的折磨中唤醒，但玛吉努祈祷他对莱拉的爱意应该更浓烈，并将这种爱升华为刻骨铭心的精神爱恋。

　　古代和现代的哲学都推测，浪漫爱情的潜台词是对圆满的渴望。哲学教授亚伦·本·齐夫博士（Aaron Ben-Zeev) 指出了不完整的三个特征：一是想要升级（或恢复）关系；二是相信它缺乏一些东西；三是相信如果双方都努力成为"整体"，完整是可能的。在比较宫廷爱情、网络爱情和婚外情的时候，他发现每一种情况分别都缺了一个元素：完美、身体的接近或未来的生存能力。上述这些元素都可以增加情感强度。

上图：一位不知名的女人在渴望她的情人，1865 年。
分别情更浓。

上图：戏剧性的离别场面，1783 年。
离开爱人绝不容易。

上图：莱拉和玛吉努在野外坐着，14 世纪。

上图：悲伤的莱拉，18 世纪。没有爱人在侧帮助
刺激催产素、多巴胺和血清素的产生，她感觉糟
糕透了。

与爱同步 /必备的共情能力
SYNCHRONICITY
ESSENTIAL EMPATHY

恋爱时，有些人对别人的情绪状态更加敏感（而另一些人则变得不那么敏感）。情侣们所享受的两人亲密关系可以带给他们一个观察世界的全新视角。特殊的皮质神经细胞镜像神经元是共情能力的基础，它们能帮助我们感受并理解他人的感情和意图（比如：微笑和打哈欠等明显非自愿的传染，或者你能感受到有人从远处正在看着你）。

在但丁的《神曲》里，弗朗西斯卡嫁给了保罗讨人厌的兄弟简乔托。有一天，弗朗西斯卡和保罗在田野里读了一本关于兰斯洛特和吉尼维尔的书，结果他们发现自己深深地爱上了对方。后来简乔托发现了他俩通奸，把他们都杀了。他俩注定要永远出现在地狱的第二层（欲望）中，但丁问他们，像爱这般美丽且纯洁之物怎么会带来这样的命运。弗朗西斯卡答道："在我们当下的悲伤和过去的幸福里，没有比怀念更令人痛苦的事情了。"

随着时间的推移，长期在一起的爱人往往会变得相似（见第33页右上图）。这一现象有时可以通过共同的生活方式这一因素来解释，如饮食、锻炼或行为模仿，在这种情况下一起大笑和微笑等积极加强的模式中，脸部周围会形成特殊的线条（杜乡的微笑）。我们再次看到了镜像神经元和共情能力的作用，对爱而言，这两者都至关重要。

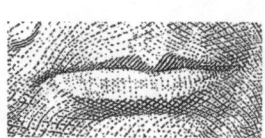
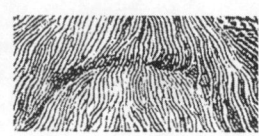

左图：保罗和弗朗西斯卡，摘自但丁《神曲》。

右图：温柔约会，《第九个月》，布瓦伊，1807年。

下图：在这个可爱的恋爱广场，空中弥漫着爱的气息，奥尔西尼，16世纪，意大利。

情深似海/情淡如水
COMPLETELY IN LOVE
OR NOT EVEN SLIGHTLY

爱改变了一切。罗伯特·弗罗斯特写道；"爱情是情不自禁地渴望别人对自己有情不自禁的渴望。"哈利勒·纪伯伦说："缺少爱的生命，就像未开花结果的枯树。"老子说，"人爱者有力，爱人者勇。"（"胜人者有力，自胜者强。"《老子》）目前你可能正在经历的爱情类型可以用第 35 页的图来评估。

在 16 世纪《萨利姆和阿纳卡利》（*Salim and Anarkali*）的故事中，萨利姆王子爱上了美丽的舞女阿纳卡利，但萨利姆的父亲阿克巴大帝禁止他俩成亲，并千方百计想诋毁她。作为回应，萨利姆向父亲宣战，但失败了。他没有交出阿纳卡利，而是选择了处决自己。但在最后一刻，阿纳卡利放弃了爱情，并牺牲了生命，以求让萨利姆活下去。

说到一见钟情，很少有人能与但丁媲美。如果人们相信他的说法，他只见过心爱的比阿特丽斯两次；第一次是孩提时候，第二次是 9 年后在街上的匆匆一瞥。他从宫廷之爱中获得灵感，重新点燃了这种既私密又超然的迷恋，这也是一场爱情挽歌。已经和他人结婚的比阿特丽斯去世了，年仅 24 岁。她在但丁的《新生》和《神曲》中再次出现，并且被深刻地理想化了。

在人类社会中，配对结合和婚姻无处不在，但科学家推测，这一根源可能与爱、占有欲、激情甚至劳动分工都没有什么关系。罗宾·邓巴的研究表明，主要原因是保护其他脆弱的女性，即"雇佣枪支或保镖"假说，因此到处都是精致的美女和她们的保护者野兽。

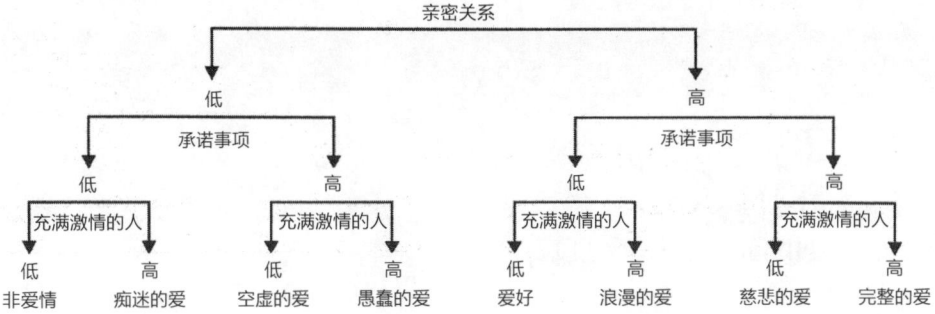

```
                              亲密关系
              ┌──────────────────────┴──────────────────────┐
              │                                             │
              低                                            高
        ┌─────┴─────┐                              ┌────────┴────────┐
      承诺事项                                       承诺事项
      ┌───┴───┐                                    ┌──────┴──────┐
      低      高                                    低            高
  充满激情的人  充满激情的人                      充满激情的人    充满激情的人
   ┌──┴──┐   ┌──┴──┐                          ┌──┴──┐       ┌──┴──┐
   低   高    低   高                           低   高        低   高
  非爱情 痴迷的爱 空虚的爱 愚蠢的爱             爱好 浪漫的爱   慈悲的爱 完整的爱
```

上图：罗伯特·斯坦伯格提出的爱情三角理论。精神病学家卡伦·霍妮提出了三种人格类型的特征：亲近他人、反对他人、逃避他人。还有一起行动呢！

上图：中世纪的"爱之泉"让爱流动。摘自薄伽丘版本，1499 年。

信任 / 祈祷
TRUST
FINGERS CROSSED

　　莎士比亚《终成眷属》里的鲁西永伯爵夫人说过："爱广施，信慎与，恶勿行。"但事实恰恰相反，对每个个体来说，掏心掏肺信任他人带来的风险太大了，因此许多人都很难做到。正如叶芝曾发出的警告，"轻一点啊，因为你脚踩着我的梦想。"

　　任何关系中最重要的一点都是信任，信任是一种赋予人安全感、可靠性和接受性的不成文合约。随着时间的推移，信任感会增强，言语和行为都可以得到证明。发展心理学家爱利克·埃里克森（1902—1994年）的研究提出信任是发展的第一个心理社会阶段，它在人的一生中各个连续的阶段都将被重新检视。英语中的信任（trust）一词起源于12世纪左右，与北欧的traust（帮助）、古英语的treowe(忠诚)、荷兰语的troost(安慰)、德语的trost(安慰)以及英语的真理（trust）有关。

　　在荷马的《奥德赛》中，奥德修斯在儿子出生后便离开深爱的妻子佩内洛普，前往参加特洛伊战争。尽管奥德修斯离家在外20年，但佩内洛普对他一直很忠诚，她拒绝了其他男人100多次的求爱（见第27页），并用美貌迷惑那些追求者，让他们服从她，实现她的愿望。奥德修斯也拒绝了关于永恒的青春、永恒的爱、对战斗的欲望以及所有通常会摆在英雄面前的诱惑。最终，他们团聚了，相互信任并带着他们坚定的信心，一路向爱前进。

　　爱的最基本要素是共情能力、利他主义和同情心，每个要素都代表着通过无私的变革行为来实现给予、接受与维持循环。

上图：女人从年轻男子胸口摘下心脏，
佛罗伦斯，约1470年。与其交付真心，
不如取其真心。

左图：金属爱情信物。
右图：爱人的吉他拨片。

爱疾 / **无法治愈**
LOVE SICKNESS
THERE AIN'T NO CURE

　　恋爱中的人经常发现自己被激情和欲望所征服，且出现类似生病、成瘾或偏执狂痴迷的症状，古典文学中有很多这样的例子。

　　在法国 12 世纪传说《特里斯坦和伊索尔德》中，康沃尔国王马克派出他最好的骑士（也是他的侄子）特里斯坦去爱尔兰带回他未来的新娘伊索尔德。国王的手下把一种爱的药水当作葡萄酒，然后送给伊索尔德喝，确保她会爱老国王。然而，特里斯坦和伊索尔德无意中喝醉了，两人爱得炙热。侍女布朗温得知了隐情，并告诉这对年轻爱侣，他们刚喝下的是致命的酒。特里斯不知道这次死亡是源于爱的痛苦，是两人密恋被发现后会受到的惩罚，还是他们在地狱里面临的永恒惩罚。在爱情的魔咒下，他说自己心甘情愿接受这一切。这瓶药水隐喻着爱和吸引力的压倒性力量，这挑战了当时传统的通常基于政治和权力考虑的婚姻安排。相反，这个故事讲的是两人之间自然的爱，伴随着热情、痛苦和悲剧。

　　《兰斯洛特和桂妮维亚》这一传说的灵感来源也是《特里斯坦和伊索尔德》。亚瑟王最值得信赖的骑士，同时也是他最好的朋友兰斯洛特，爱上了他的妻子桂妮维亚女王（她也爱上了兰斯洛特）。亚瑟王发现了这桩让他痛苦的私情，桂妮维亚被捕了，不过兰斯洛特将她从死刑中救了出来。有生之年，两人一直处于分离状态，他们的爱最终导致了圆桌骑士的解散。

上图：《仲夏夜之梦》。在浦克的魔法下，拉山德向海伦娜求爱。亚瑟·拉克姆，1899 年。

上图：激动人心的爱情。《罗密欧与朱丽叶》，源自 1879 年某剧院海报。

上图：迷茫又伤心的奥菲莉娅（《哈姆雷特》里的人物）。欧仁·德拉克罗瓦，1843 年。

完美 /情人之眼
PERFECT
IN THE EYE OF THE BEHOLDER

美丽和美学在很大程度上是一种主观看法，古典理想倾向于平衡和比例。

科学研究显示，拿成人面孔图像给婴儿看，他们看得最久的是面部对称特征最明显的人。人类形式的对称性和平衡性通常被认为是非常理想的遗传特征。

其他研究表明，男性通常更喜欢有孩子般大眼睛的女性，腰臀比约7：10，上述这些特征更常见于年轻女性。与此同时，拿女性寻找理想男人来说，在经济不景气的地区，女性更喜欢颚骨大的男性；但在资源更丰富的地区，女性更喜欢面部特征更柔和的男性。

在奥维德那篇注定以悲剧结尾的《森林女神和水仙花》里，森林女神（Echo）被施了法术，只能重复别人说过的话，森林女神爱上了水仙花（Narcissus），但水仙花拒绝了她，他深深迷恋上了自己在水中的倒影。

熟悉也可以孕育爱。老夫老妻通常也会爱上彼此身上每个不完美的伤疤、皱纹和疣。

特里斯坦和伊索尔德在波涛汹涌的海上。吸引力有时是致命的。

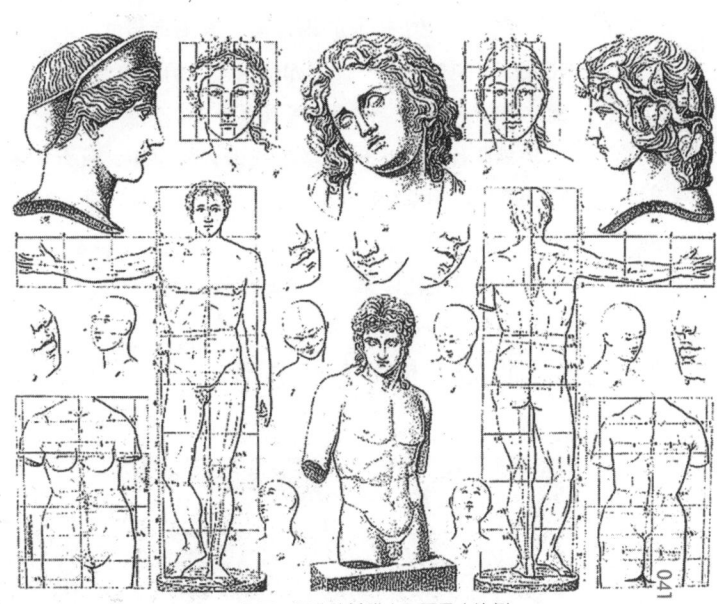

上图：感官盛宴。埃及舞者和音乐家。约公元 1400 年。

上图：23000 岁的维伦多尔夫的维纳斯雕刻，瓦伦蒂娜·苏玛。

上图：经典的希腊人和罗马人比例。

太阳、月亮和星星 /想念有你的世界
SUN, MOON AND STARS
THINKING THE WORLD OF SOMEONE

理想爱情的隐喻通常包括关于天堂的联想，以及横跨几个世纪和各大陆的爱情故事里的一对恋人。

12世纪格鲁吉亚诗人鲁斯塔维里的《虎皮武士》里有两对情侣，其中一对是英雄武夫阿夫坦季尔和公主季娜京（见第43页），精瘦的阿夫坦季尔爱上了如太阳般的季娜京，他离爱人越远，她照耀在他身上的爱之光芒就越强烈，他就像月亮，越发闪亮；另一对情侣是武士塔里埃尔和公主涅斯坦·达雷扬，前者如太阳，后者如月亮。

在许多拉丁语系的语言里，太阳指男性，月亮指女性，而日耳曼语系则相反。在斯拉夫语中，比如俄语，太阳是中性词，满月为女性，新月为男性。而在希伯来语中，两者皆可互换。

黑脚印第安人的《星星新娘》故事中，凡人羽毛姑娘爱上了太阳和月亮之子晨星。羽毛和晨星生下了星童，星童被带回地球，身上留下了一道只有太阳才能去除的伤疤。星童爱上了一个女人，但是如果伤疤没去除，她是不会嫁给他的，这就是印第安人跳太阳舞（美洲印第安人在夏日敬拜太阳的宗教舞）的原因。

代表火星和金星的占星术符号如今成了男性和女性的象征。

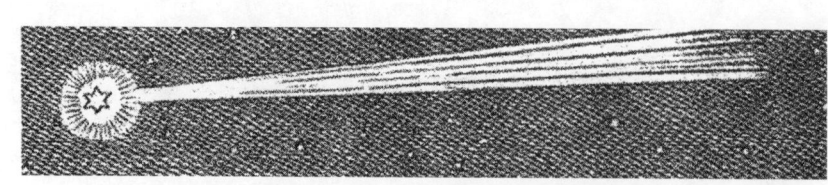

降服！/为爱而亡
SURRENDER!
DYING FOR LOVE

　　为什么有这么多的爱情故事与死亡主题紧密相连？至少有两个原因。显而易见的一个原因是揭示人们的奉献精神和意愿，愿意为了爱人放弃个人福利，甚至牺牲性命。神话学家约瑟夫·坎贝尔（1904—1987）等思想家认为，另一个原因是隐喻性的，所作出的牺牲是自我。屠杀恶龙意味着必须杀死自己的影子、没有安全感或独立的自我，因为独立的自我认为爱所预示的变化是一种死亡。

　　上述的忠诚度在中东文学中有体现，中东文学里的恋人往往不完美，但是他们将合二为一的渴望转化为越来越多的狂喜。德国哲学家亚瑟·叔本华（1788—1860）使用 Mitleid（字面意思是：正忍受……；同情）这个词探索了认识对方的能力。

　　《奥义书》书中的古梵语"Tat tvam asi"揭示了同样的观察结果："汝即彼，彼即汝。"

受骑士保护的妇女，约 1490 年。许多骑士都有修道院的兄弟，世俗和神的交织是骑士爱情的象征。

上图：圣乔治杀死了那条恶龙。注意皇后和人骨。

上图：中世纪的一个恋爱花园。被爱降服之前的浓情蜜意。求爱仪式，1499年。

上图：丘比特施加了爱的折磨。J. 卡维科奥，1506 年。

上图：L. 贾斯蒂尼亚诺，1506 年。

订婚 /结为连理
ENGAGEMENT
AND TYING THE KNOT

传统的"屈膝"求婚是一种表示降服、荣誉和尊重的习俗。被求婚的占主导优势，因为他们能用一个简单的词来决定一段关系的未来。相较而言，求婚者处于劣势（有时是不习惯这样的姿态），因为他们豁出了一切，毫无保留地交付出真心。

圆圈代表永恒和神圣空间的包围（温度）。早在古罗马就有人佩戴象征订婚的戒指。一个男子给了心爱的女子一枚普鲁布斯铁环（Anulus Pronubus，被称为贵族戒指），不仅表明他对她的承诺，而且还向其他人表明了她只属于他一人。古希腊人认为第四根"无名指"含有身体中最长的静脉，一直延伸到心脏，不过不同的历史和文化中，人们对佩戴婚戒的手指和手的选择各不相同。在当时，婚姻主要是民事合同，涉及家庭财富和权力的交换，后来婚姻成了需要主持的宗教事务。

世界上最古老的订婚形式，例如握手婚约，通常包括各种不同的神圣握手打结形式。

上图：更温和的乡村婚礼。R. 坎塔加利纳，1620—1640 年。

上图：德国仪式，1475 年。

三种婚姻形式：丘比特主持的世界爱，天神主持的灵魂爱，魔鬼主持的财富联姻。杰兹·萨恩雷丹，在 H. 高里采乌斯之后，约 1600 年。

上图：19 世纪，蒂芙尼公司首次将钻石首饰作为耐久性和辉煌的象征介绍给世人；7 世纪，拜占庭金戒指；17 世纪，爱尔兰"克拉达戒指"：心代表爱情、双手代表友谊、皇冠代表忠诚。

左图：当时流行的握手礼，美第奇婚礼，R. 瓜尔蒂耶罗蒂，1579 年。

我的另一半 /如漆似胶
MY OTHER HALF
JOINED AT THE HIP

　　两人一旦紧密结合，不管是因为习惯还是法律约束，便会合二为一，长相厮守，分享生活的起起落落，吐露情思，互诉衷肠。

　　在柏拉图的《会饮篇》里（约公元前380年），阿里斯托芬问为什么恋人在一起会感觉完整，他推测人类曾经有两个头、四只手和四只脚、三种性别：男性、女性和雌雄同体。但因人类很傲慢，所以宙斯（和以往一样）失去了耐心，把他们的身体砍成两半，于是后来人们就一直跑啊跑，寻找自己缺失的另一半。对立统一的象征在许多传统和文化中也都存在，比如中国的阴和阳。

　　荣格将女性和男性的理想配对，或者是说将人类内心对应的阿尼玛（女性意象）和阿尼姆斯（男性意象）描述为一个融合体（syzygy），这允许每对爱侣里的每个成员可以实现自己的个性化。与完全平衡的对位音乐组成一样，相互独立而又相互依赖。

炼金术结合，广为人知的秘密之一。

上图：炼金术象征主义，摘自《哲学家的玫瑰园》，1550年。

上图：基督教的创意之作。匈牙利版亚当和夏娃。未知艺术家。

上图：灵魂和身体的团聚。布莱克，1813年。

上图：和许多动物一样，大象一生只有一个伴侣。

性爱 / 人人都需要某人
LOVEMAKING
EVERYBODY NEEDS SOMEBODY

　　与生俱来的生育冲动激发了性行为本身发生所必需的所有化学和生物学因素。正如 2002 年某部电影的女主角所说，"这叫作性！很美妙！你应该试试看！"

　　古印度《爱经》（Kama Sutra，约公元前 300 年）列出了各种关于性爱的艺术，包括接吻、用牙齿和指甲做记号、拥抱、抚摸、摩擦、穿孔、按压、打击、呻吟和性交等。书的后半部分介绍了 40 种基本体位，其中的变化只受想象力和年龄的限制，此外，还有些富有诗意的名字，比如"成熟的芒果梅""爬树"和"花蕾的爱抚"。对于那些精力充沛的人来说，这本书还建议他们学习唱歌、音乐和舞蹈。11 世纪后期的《性快乐的秘密》（Ratirahasya，也称 Koka Shastra），同样是一本实用指南，这本书增加了对女性美、性欲区域、性欲和理想生活的研究，但本书声明这些神圣的性爱艺术只能在婚姻中才能享受到。

　　古代关于乱伦或婚前性行为的禁忌在全世界都很常见。就婚前性行为而言，在避孕技术发明之前，男女伴侣承担的后果不同，因为在某种程度上年轻的母亲和小孩无法分割，但父亲却不是这么回事。1991 年的电影《城市乡巴佬》用一句话巧妙地总结了这种常见的性别差异："女人做爱需要一个理由，男人只需要一个地方。"

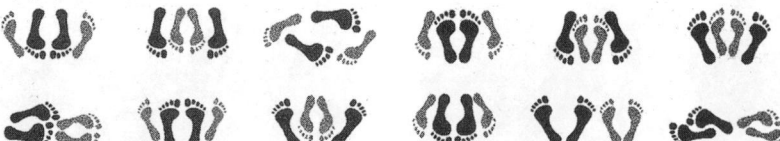

简单图画表明性交体位。13世纪神学家艾尔伯图斯·麦格努斯（不是《爱经》的粉丝），列出了5种体位：①传教士；②侧对侧式；③坐式；④站式；⑤后入式。他认为传教士是唯一的自然体位，其他4种在道德上存在争议。

3 张中世纪图片表明性爱象征主义，荷兰，1470 年。i) 一个男人问一位女士能否把他手里的雪貂放进某个洞里；ii) 一位绅士问一个少女他是否可以打开她手里的箱子；iii) 一名骑士表明决心要通过特定的一扇大门进入心仪的女子的城堡。

爱的结晶 / 家的温暖延续
THE FRUITS OF LOVE
THE RENEWAL OF THE HOME

也许，快乐的婚姻所带来的最伟大礼物，就是孩子。这些小宝贝给了父母一个通过崭新的视角去看世界的机会，小家伙也得以更多地了解自己以及父母所面临的快乐和挣扎。爱和奉献的紧密结合是家庭成员每天无私牺牲的基础。

献身于服务、土地或者艺术的意义深远。献身于一个地方或一项任务也是一种爱的行为。老师帮助学生发展，园丁以打理花园（见第 53 页右下图）为乐，船长喜欢自己的船只和船员，音乐家与音乐为伴，艺术家喜爱艺术，等等。在所有情况中爱都是黏合剂，是联系的原因和效果的体现。独立自我的桎梏被打破，内省让位于反省。

在浪漫爱情中，爱侣热恋期的强烈兴奋阶段，成熟演变为一种更甜蜜且具有主观意识的承诺，用爱滋养彼此，一起成长。随着时间的推移，这种成熟的爱会影响他们周围的人。他们的房子成了人尽皆知的充满爱意的家；我们在本书前几章提过，即"家，甜蜜的家"。

新月下的丰收。塞缪尔·帕尔默，约 1826 年。

上图：中世纪的基督教观念。

左图：孩子们。G. 拉维拉特，1926 年。

右图：一种献身于植物的生活。来自托马斯·希尔《园丁的迷宫》，英国，1577 年。

053

爱无处不在 /多美妙的世界啊
LOVE IS ALL AROUND
WHAT A WONDERFUL WORLD

爱所呼唤的不仅是爱别人，也是爱我们自己和爱所有一切。然而这并不容易，所以很多人都放弃了。爱的悲剧不是情人之间的分离，而是人与爱的分离。

如果我们能更多地意识到自己所得到的爱，那么，就像美惠三女神（见第24页），我们可能会更多地把爱回馈给周围的世界。在人的一生中，我们可以从以自我为中心，到以种族为中心，到以世界为中心，从而逐渐提高爱的能力。

古代文化和信仰均系统描述了许多方式来感知、感受和表达爱这种最强大的能量。总之，本能是根基，情感是拐点，思想是对不可阻挡的趋爱倾向的解释。

现代科学也告诉我们，爱是经由三个中心：脑（大脑皮质）、心（边缘系统，第10页）和身（自主神经系统）从而被给予、被接受。

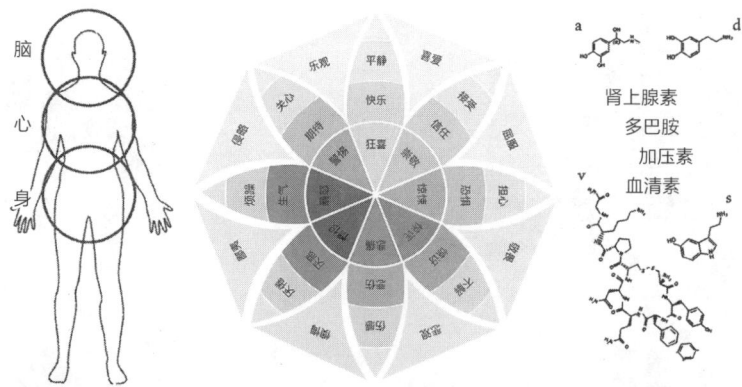

普鲁契克情感之轮。8种基本情绪分别是快乐、信任、恐惧、惊喜、伤心、期待、愤怒和厌恶；每一种情绪都有相反的一种情绪，比如悲伤与快乐。当你靠近色盘中心，相关的情绪会增强，远离中心时，情绪会减弱。爱是矢量，需要一定程度的快乐和信任才能存在。

上图：维纳斯和她的孩子们，佛罗伦萨，1464—1465 年。

唯一的爱 /宇宙之歌
ONE LOVE
THE SONG OF THE UNIVERSE

在世界各地，古老的传统实质上都是多样性的统一，含蓄地说，万物皆为一物。对于研究这些传统的人来说，爱也是如此——也许世上只有一个来源，一个春天滋养了所有人。

在12世纪（译者注：应为15世纪）波斯诗人贾米的爱情故事《优素福和祖莱哈》（*Yusuf and Zulaikha*）中，英俊的优素福成了祖莱哈爱恋的对象，但他没有回应她的追求（他只对神感兴趣）。祖莱哈想尽千方百计，甚至建造了一座满是镜子的色情宫殿来引诱优素福，但优素福依然不为所动。最终，祖莱哈意识到尘世的爱只不过是更高级别的爱的影子，而且总是会让人失望。意识到这点之后，她变聪明了。多年后的某一天，优素福听到了她动听的歌声，两人深情凝视，爱意满满。

分离的反面是统一。正如鲍勃·马利所说，"爱你所过的生活；过你所爱的生活。"同样，黄金法则建议："待人如己"，这也让我们再次和他人融为一体。成为分享团里一个有爱的成员就是要爱一切。

爱真的会让世界运转。与我们的祖先所知不谋而合，量子力学的新时代揭示了万物在基本层面上是如何真正联系的。把爱加入万物，那么整个宇宙可能都会充满爱这种赋予生命的力量。因此，爱跨越时空传递更多的爱，如永恒的宇宙之歌，为我们所有人而唱！

《天上闪闪的光圈》，摘自但丁《神曲》（见第 032~033 页）。由 G. 杜莱雕刻，1868 年。

THE
BEAUTY
● F
SCIENCE
科学之美

附 录
APPENDICES

用 69 种语言表达 "我爱你"
"I LOVE YOU" IN 69 LANGUAGES

南非语—Ek het jou lief

阿尔巴尼亚语 —Te dua

阿拉伯语—Ana behibak（对男性说）

阿拉伯语—Ana behibek （对女性说）

亚美尼亚语—Yes kez sirumem

孟加拉语—Ami tomake bhalobashi

白俄罗斯语—Ya tabe kahayu

保加利亚语—Obicham te

柬埔寨语—Soro lahn nhee ah

加泰罗尼亚语—T'estimo

粤语—Ngo oiy ney a

普通话—Wo ai ni（发音 "war I knee"）

克里奥尔语—Mi aime jou

克罗地亚语—Volim te

捷克语—Milji te.

斯洛伐克语—Lu'bim ta

丹麦语—Jeg elsker dig

荷兰语—Ik hou van jou

英语—I love you

爱沙尼亚语—Ma armastan sind

埃塞俄比亚语言—Afgreki'

波斯语—Doset daram

菲律宾语—Mahal kita

芬兰语 Mina rakastan sinua

法语—Je t'aime,Je t'adore

盖尔语—Ta gra agam ort

格鲁吉亚语— Mikvarhar

德语—Ich liebe dich

希腊语—S'agapo

古吉拉特语—Hoo thunay prem karoo choo

夏威夷语—Aloha Au ia'oe

希伯来语—Ani ohev otach（男对女）

希伯来语—Ohevet ot'cha （女对男）

印地语—Hum tumhe pyar karte hae

匈牙利语—Szeretlek

冰岛语—Eg elska tig

印尼语—Saya cinta padamu

爱尔兰语—Taim i'ngra leat

意大利语—Ti amo

日语—Aishiteru

考拉语—Bajaba

韩语—Sarang Heyo

拉丁语 Te amo

拉脱维亚语—Es tevi miilu

黎巴嫩语—Bahibak

立陶宛语—Tave myliu

马其顿语—Te sakam

马来语—Saya cintakan mu padamu

马耳他语—Inhobbok

摩洛哥语—Ana moajaba bik

挪威语—Jeg elsker deg

波兰语—Kocham ciebie

葡萄牙语—Eu te amo

罗马尼亚语—Te iubesc

俄罗斯语—Ya tebya liubliu

塞尔维亚语—Volim te

斯洛文尼亚语—Ljubim te

西班牙语—Te quiero/Te amo

瑞典语—Jag alskar dig

台语—Wa ga ei li

塔希提语—Ua here vau ia oe

泰语—Phom rak khun

突尼斯语—Ha eh bak

土耳其语—Seni seviyorum

乌克兰语—Ya tebe kahayu

乌尔都语—mai aap say pyaar karta hoo

越南语—Anh ye u em

威尔士语—Rwy n dy garu di

意第绪语—Ikh hob dikh